AF466829

8° R
14947
(89)

DIRECTEUR
GUSTAVE PHILIPPON
Docteur ès sciences

LES AÉROPLANES MARINS

(HYDROAÉROPLANES)

PAR

E. SURCOUF

HENRI GAUTIER, éditeur, 55 Quai des Gds Augustins. PARIS. | N° 89

HENRI GAUTIER, éditeur, 55, quai des Grands Augustins — PARIS.

LIVRES DE RÉCRÉATION ET D'INSTRUCTION

A DIX ET QUINZE CENTIMES

NOUVELLE BIBLIOTHÈQUE POPULAIRE

A DIX CENTIMES

(Couronnée par l'Académie française)

Le volume : **Dix centimes.**

(Franco par la poste : 1 volume 15 centimes, 2 volumes 25 centimes.)

EXTRAIT DU CATALOGUE DES CINQ CENT TRENTE VOLUMES EN VENTE :

Regnard : Voyage en Laponie (1 vol.). — *Molière* : Le Misanthrope (1 vol.). — *Sainte-Beuve* : La Grande Mademoiselle (1 vol.). — *Guy de Maupassant* : Trois Contes (1 vol.). — *Jules Lemaître* : L'Imagier (1 vol.). — *La Fontaine* : Voyage à Limoges (1 vol.). — *Cyrano de Bergerac* : Histoires comiques de la Lune et du Soleil (1 vol.). — *Shakespeare* : Hamlet (1 vol.). — *Jules Michelet* : En Italie (1 vol.).

BIBLIOTHÈQUE

DE

SOUVENIRS ET RÉCITS MILITAIRES

(Honorée d'une souscription du Ministère de la Guerre)

Le volume : **Quinze centimes.**

(Franco par la poste : 1 volume 20 centimes, 2 volumes 35 centimes.)

Tous les volumes sont illustrés.

EXTRAIT DU CATALOGUE DES CENT QUATRE VOLUMES EN VENTE :

D'Ulm à Austerlitz, par le Général baron Thiébault (1 vol.). — *Sébastopol*, par S. M. I. Alexandre III (1 vol.). — *Iéna, Eylau, Friedland*, par le Général baron Lejeune (1 vol.). — *La Grande Armée en Russie*, par le Général Rapp (2 vol.). — *La bataille de Paris en 1814*, par Henry Houssaye (1 vol.). — *Sedan*, par le Commandant Rousset (1 vol.). — *Les Marins et les Corps francs en 1870-71*, par le Commandant Rousset (1 vol.) — *La Mort héroïque du Commandant Rivière*, par le lieutenant Duboc (1 vol.). — *L'Amiral Courbet en Extrême-Orient*, par le lieutenant Maurice Loir (1 vol.). — *Aux Grandes Manœuvres, notes d'un Réserviste*, par Paul Ginisty (1 vol.).

Le Catalogue complet de ces collections est envoyé gratis et franco à toute personne qui nous en fait la demande par lettre affranchie.

LES AÉROPLANES MARINS

(HYDROAÉROPLANES)

PAR

E. SURCOUF

Nil novi sub sole.

En 1903, l'écrivain de la présente brochure voyait entrer dans son bureau un jeune ingénieur qui débarquait de sa province lyonnaise, plein d'enthousiasme, plein d'illusions et confiant, comme aucun homme de son époque, dans l'avenir de la Locomotion aérienne par ce que l'on est convenu d'appeler, assez improprement d'ailleurs, « le plus lourd que l'air ».

Ce jeune ingénieur a conservé le même enthousiasme ; il restera l'une des figures les plus marquantes parmi les précurseurs de l'air. Je n'oserais pas affirmer que les illusions, qui formaient le plus important de son bagage d'alors, lui sont restées en aussi grand nombre ; mais, ce que je sais bien, c'est qu'à cette époque, Gabriel Voisin, car c'est de lui dont je veux parler, était venu sans recommandation autre que son allure de franchise et de droiture, trouver le grand apôtre de toutes les idées nouvelles, qui a nom Archdeacon ; et celui-ci, confiant sans doute dans mon ardent désir de faire progresser l'industrie aéronautique dont j'étais l'un des créateurs, me l'avait adressé avec un mot de recommandation conçu à peu près en ces termes : « Mon cher Surcouf, je vous adresse le porteur de la présente qui me parait être un gaillard capable de faire quelque chose ».

Comme on le verra par la suite, ce jeune ingénieur fut simplement le « créateur de l'idée aérienne en France » et fit voler le premier aéroplane construit dans des ateliers que je crus devoir immédiatement créer, pour lui en donner la direction.

Les souvenirs de ces époques héroïques s'effacent vite; et l'on n'apprendrait pas sans une réelle surprise que, l'aéro-

8°R. 14947 (89)

plane marin, qui s'est révélé de si brillante manière à Saint-Malo, le 26 août 1912, lors de la course de Jersey, est en réalité le premier appareil qui ait tenté un essai de vol en France, et que près de dix ans se sont écoulés entre son beau succès et ses premières tentatives.

La figure n° 1 montre, en effet, le premier aéroplane qui ait été construit par Voisin et moi en 1903.

Deux difficultés d'importance se présentaient alors pour les constructeurs hardis qui voulaient tenter la conquête de

Fig. 1. — Hydroaéroplane construit en 1903.

l'air par l'aviation : le moteur léger n'existait en réalité pas plus que le moyen de s'enlever; l'essor était alors, et est encore d'ailleurs, la grosse difficulté pour l'appareil d'aviation.

Sans songer à créer l'hydroaéroplane, Gabriel Voisin avait pensé que l'eau était toute indiquée, non seulement à cause de sa facilité pour l'essor, mais encore, et surtout, à cause de sa douceur relative en cas d'accident; et, bien lui en prit, car il fit alors un certain nombre de chutes, qui auraient été de nature, si elles avaient eu lieu sur terre, à faire connaître le martyrologe de l'aviation avant l'aviation elle-même.

Mais ces chutes, graves en apparence, se terminaient toujours par un bain plus ou moins agréable, duquel Voisin se tirait allègrement, grâce à ses qualités de nageur habitué à vaincre le courant terrible du Rhône, et pour lequel celui plus modeste de la Seine ne fut en réalité qu'un jeu.

L'équipement consistait en un aéroplane qui ne différait pas beaucoup des biplans que nous sommes habitués à voir aujourd'hui, voler au-dessus de nos têtes. Le train d'atterrissage était remplacé, comme on peut le voir sur la figure, par deux flotteurs qui, eux aussi, sont bien semblables à la majorité de ceux qui sont actuellement employés. Le moteur seul différait sensiblement de ceux dont nous disposons aujourd'hui. Il était, en effet, constitué par une longue corde fixée par une de ses extrémités à l'appareil, au moyen d'une patte d'oie, et, par l'autre, à un bateau : *La Rapière*, de célèbre mémoire, piloté par le constructeur Tellier qui, aujourd'hui, — est-ce de là que date sa vocation? — construit des flotteurs pour les meilleurs aéroplanes marins.

Voisin était installé sur un siège placé en arrière de la cellule; de ce siège, il pouvait commander le gouvernail de profondeur placé à l'avant et un gouvernail de direction, plus ou moins efficace, placé dans la cellule arrière, cellule qui servait elle-même de stabilisateur.

L'appareil était remorqué dans le sens du courant, le plus près possible d'un pont; en l'espèce le pont de Billancourt; *La Rapière* se mettait en marche, donnait toute sa vitesse ; et, par des coups de stabilisateur savamment combinés, Voisin arrivait à faire « décoller » son appareil qui, est-il besoin de le dire, manquait absolument de stabilité, étant donnée la variation du point d'application de la puissance.

L'appareil volait tout d'abord d'une façon suffisamment convenable, puis décrivait des embardées inquiétantes et quelquefois, le plus souvent même, ne tardait pas à piquer de ses ailes et à s'engouffrer dans la Seine.

Un autre bateau, plus lent celui-là, le canot de la préfecture de Police, dans lequel j'étais monté pour contrôler l'épreuve, se précipitait alors sur le lieu de la chute et arrivait généralement au moment précis où Voisin, habile nageur comme je l'ai dit plus haut, revenait à la surface pour monter à bord. L'appareil était amené dans un endroit sec, remis en état et, quelques heures, ou quelques jours après, l'expérience recommençait !

Plus tard, Gabriel Voisin trouva le moyen d'appliquer un moteur, imparfait est-il besoin de le dire, sur son appareil, il continua ses expériences sur le lac d'Enghien et construisit successivement de ses hydroplanes qui, en réalité, n'étaient autre chose que des hydroaéroplanes, pour Archdeacon, pour Delagrange et plus tard pour Blériot lui-même, qui débuta ainsi dans la carrière aéronautique et qui devint quelques mois après l'associé de Voisin.

Les flotteurs furent constitués par des cylindres en toile,

Fig. 2. — Hydroaéroplane Voisin « Le Canard ».

puis par des sortes de catamarans en bois, construits avec le même soin et suivant la même méthode que les bateaux de course.

Ces premières expériences furent, sans contredit, celles qui décidèrent de la vocation de Voisin ; et, trois ans plus tard seulement, il construisit le premier hydroaéroplane qui ait quitté l'eau ; c'était le « canard », appareil ayant la cellule stabilisatrice à l'avant, destiné au prince Bibesco ; cet appareil était muni de trois flotteurs construits par l'ingénieur Fabre, dont nous aurons à parler plus loin ; les essais eurent lieu également à Billancourt, à peu près au même endroit que les premières tentatives que j'ai tenu à rappeler plus haut.

De ce préambule il faut retenir qu'il n'a tenu qu'à fort peu de chose que le premier aéroplane ne fût, en réalité, un hydroaéroplane; et si, par le plus grand des hasards, les conceptions de Voisin avaient continué à s'orienter dans le même sens qu'à ses débuts, peut-être aurait-on assisté à l'éclosion de l'hydroaéroplane avant celle de l'aéroplane; de là à dire qu'incontestablement les débuts auraient moins coûté d'existences humaines, il n'y a qu'un pas; et il est bien probable que les progrès eux-mêmes eussent été aussi rapides et les sacrifices beaucoup moins grands, si le hasard des choses, ce grand maitre du monde, avait fait que Voisin ait continué ses premiers essais sur l'eau au lieu de les continuer sur terre.

Il n'en reste pas moins, que pour l'hydroaéroplane comme pour l'aéroplane, Voisin fut un précurseur; et je m'en serais voulu si, avant de présenter le nouveau triomphateur des airs au public, je n'avais pas rendu hommage à celui auquel revient la gloire d'en avoir été le premier créateur.

Hydroaéroplanes ou aéroplanes marins.

Il conviendrait avant tout de se mettre d'accord sur le nom qui convient au nouvel engin aérien; doit-on l'appeler Hydroaéroplane, doit-on l'appeler Aéroplane marin? — Je ne cite que pour mémoire le nom d'aérhydroplane qui pour être composé de membres de mots français, n'en parait pas moins un peu chinois.

On pourrait facilement se mettre d'accord si l'on veut bien observer que l'hydroaéroplane n'est pas forcément un aéroplane marin. Le concours de Saint-Malo l'a démontré d'une manière définitive: tel hydroaéroplane qui convient parfaitement sur un fleuve ou sur une eau calme, devient impossible à la moindre houle; et l'appareil qui servira d'éclaireur à nos escadres sera incontestablement celui qui possédera des qualités autres que celles simplement requises pour s'appeler hydroaéroplane, c'est-à-dire pour être uniquement un volateur s'enlevant de l'eau et venant s'y reposer.

Je pense donc que les deux mots doivent s'employer, et qu'il est sans doute vrai de penser qu'un aéroplane marin sera toujours un bon hydroaéroplane; mais que le contraire ne sera pas toujours vrai ; encore que dans certaines circonstances, comme on le verra plus loin, tel appareil marin qui « décolle » facilement sur mer, éprouve de réelles difficultés à prendre son essor sur l'eau calme : c'est que, sur mer, les mouvements de la houle constituent en quelque sorte un embryon d'essor qui, lorsque toutes les circonstances sont favorables, aident l'appareil à s'enlever, alors que, sur l'eau calme, rien de semblable ne se produit.

Cette constatation revient peut-être à dire qu'il existera deux genres d'hydroaéroplanes, qui seront les aéroplanes fluviaux s'enlevant et se posant aisément sur les eaux calmes et rendant aux colonies des services immenses, là où les bateaux à très faible tirant d'eau seulement peuvent naviguer ; puis l'aéroplane marin capable de résister à la houle, capable de s'enlever et de se reposer sur mer par gros temps et de rendre à ses escadres des services d'éclaireur, que nul autre engin ne serait capable de lui rendre.

Et, maintenant que nous avons trouvé un nom, ou des noms, pour l'appareil, voyons un peu comment il se compose, quels sont les principes qui lui ont donné naissance et les services qu'il est en mesure de rendre.

Dès que furent connues les premières expériences de Lilienthal, il fut facile aux esprits observateurs de se rendre compte que l'aviation était née et que prochainement l'homme se verrait en mesure de réaliser le rêve, qu'il conçut dès la plus haute antiquité, de partager avec l'oiseau le don de se mouvoir dans le domaine aérien.

Mais il en fut de ce problème ce qu'il en fut de beaucoup d'autres, les difficultés pratiques n'apparurent qu'à partir du moment où il semblait que la réalisation était proche; et, si nous mettons de côté l'indispensable réalisation du moteur léger, — réalisation qui relevait du domaine de la mécanique et qui, par conséquent, ne pouvait faire de doute pour personne, cette science nous ayant habitués depuis fort longtemps à lui voir réaliser tous les tours de force qui lui sont demandés, — on s'aperçut bien vite que, parmi les difficultés très réelles du problème, le départ était sans contredit la plus grande, non pas que je veuille dire que l'atterrissage d'un aéroplane soit chose facile; mais, tout de même, réaliser le départ était une contingence qui s'imposait en tout cas avant de réaliser l'arrivée. Or, l'aéroplane, tel qu'il fut conçu, n'était en réalité qu'une automobile munie de plans lui permettant de s'alléger par la vitesse, et encore est-il bon de dire qu'au point de vue automobile sa construction était des plus précaires ; construit légèrement, avec juste les engins nécessaires pour rouler, d'une solidité généralement quelconque, on lui demandait, dès le début, de rouler sur des terrains mal appropriés, sur lesquels on osait à peine aventurer une automobile construite sans avoir à se soucier du poids et avec tous les soins et toute la perfection que permet l'ignorance relative de la contingence de légèreté, qui est primordiale en matière d'aéroplane.

On conçoit alors facilement que l'aéroplane n'était possible, qu'à condition de trouver pour son essor un terrain particulièrement bien choisi, dans lequel aucun fossé sérieux, aucun trou, aucune de ces surprises fréquentes dans les terres labourées, ne vînt s'opposer à l'essor; et combien d'accidents, d'accidents mortels même, ont été dus au sol sur lequel étaient obligés de s'aventurer les premiers aviateurs. Est-il besoin de rappeler que l'un des plus célèbres d'entr'eux, mon excellent ami le capitaine Ferber, a dû la mort à un accident qui, en réalité, ne fut qu'un accident d'automobile : roulant avec son aéroplane sur un terrain qui paraissait extrêmement plan, il rencontra une dénivellation un peu forte que rien ne décelait, capota et se tua.

Pour réagir contre les difficultés de l'essor quand on emploie l'aéroplane roulant, c'est à-dire l'aéroplane terrien, il fallut réaliser l'appareil qui décollait le plus vite. Or, on sait que la vitesse n'est obtenue que par une très grande puissance du moteur et par conséquent par la rapidité. Mais, d'autre part, l'appareil rapide, tant qu'il roule sur terre, est un appareil dangereux; de telle sorte que si l'aviation terrestre devait continuer dans la voie où elle est aujourd'hui, il faudrait sans conteste imaginer des terrains de départ et d'atterrissage, spécialement appropriés, et qui permettraient aux appareils de rouler, tant au départ qu'à l'arrivée, à des vitesses vertigineuses, sans que le pilote ait à se préoccuper de l'état du sol qui porte son appareil; ce qui reviendrait à dire que l'appareil de l'avenir serait rivé en quelque sorte à un port d'attache et qu'il lui serait interdit de partir et d'atterrir dans tous les terrains.

Aussi l'esprit se porte, par la logique des choses, vers un appareil idéal, qui serait extrêmement lent au départ, qui pourrait acquérir des vitesses considérables en l'air et réduirait facultativement sa vitesse pour descendre, de manière à n'offrir qu'un minimum de danger; de là à songer à l'appareil qui s'enlèverait verticalement, il n'y a qu'un pas, et l'hélicoptère serait alors réalisé. Il ne fait pas de doute, en effet, que, tant que les moyens de départ seront ceux dont nous disposons actuellement, le développement de l'aviation sera freiné : le navire aérien, l'aéroplane de demain, emportant plusieurs tonnes de poids utile, mû par plusieurs milliers de chevaux-vapeur, armé de mitrailleuses et de canon, capable de parcourir des milliers de kilomètres sans ravitaillement, mesurant peut-être 100 m. de longueur, est évidemment impossible, si n'intervient pas une autre solution pour quitter le sol, que rouler à une vitesse très grande pour acquérir la sustentation.

Mais si de la terre, source de tous ces dangers et de toutes ces craintes, nous passons sur l'eau : fleuve ou océan, immédiatement l'horizon s'élargit; et, avant que l'hélicoptère soit réalisé, on conçoit très bien le monstre aérien auquel je fais allusion plus haut, glissant sur l'eau, se déjaugeant, s'allégeant et s'enlevant sans aucun danger, pour s'y reposer à nouveau à la fin de son voyage, dans les mêmes conditions de sécurité; et l'on peut prétendre, sans crainte de se tromper, que l'aéroplane marin va prendre un développement tel, qu'il serait capable de stupéfier le monde, si la stupéfaction devant les progrès accomplis n'avait pas été depuis longtemps épuisée par l'essor prodigieux de l'aviation en général.

Sur l'eau, la facilité d'envol est encore accrue par l'étude spéciale des flotteurs; et, pour bien comprendre cette facilité, il nous faut examiner d'abord les principes sur lesquels ont été imaginés et construits les hydroplanes, ou bateaux glisseurs, qui ont été réalisés depuis fort longtemps et ont permis aux contructeurs d'aéroplanes marins, de puiser dans des travaux déjà au point.

Hydroplanes.

La question des hydroplanes qui est, comme on le verra tout à l'heure, intimement liée à celle des hydroaéroplanes, est loin d'être nouvelle. C'est, en effet, en 1833, que l'ingénieur anglais, John Russell, de la Société Royale d'Edimbourg, effectua des essais, dont le compte-rendu fut publié sous le titre suivant : « Recherches expérimentales sur les lois de certains phénomènes hydrodynamiques qui accompagnent le mouvement des corps flottants. »

Le premier, John Russel observait le phénomène de « l'émersion » et la diminution considérable de résistance qui en est la conséquence.

Pour comprendre les avantages pratiques qui résultent de cette émersion, obtenue dans la plupart des cas par le glissement appliqué au déplacement des bateaux, il est nécessaire d'examiner quoiqu'ils soient connus de tous, les principes sur lesquels sont basées les résistances qu'un quelconque des navires immergés éprouve dans sa marche.

La première de ces résistances est une résistance directe, causée par le travail nécessaire pour déplacer la masse liquide qui se trouve en avant de la coque, diviser les filets d'eau, les faire glisser le long de cette coque et les rejeter en arrière.

On peut donner une idée assez approchée du travail nécessaire, en le comparant à celui produit par la charrue : la coque ne fait, en effet, autre chose que labourer l'eau pour tracer un sillon continu, dans lequel elle se place; mais qui, à la différence de ce qui se passe pour la charrue terrestre, se referme derrière elle.

A cette résistance s'ajoute l'action exercée par le frottement de l'eau sur la carène ; cette seconde résistance est évidemment beaucoup moins importante que la première, surtout si la coque est bien étudiée quant à sa forme et quant au poli de sa surface. — C'est pour diminuer le travail nécessaire pour la vaincre, que les navires de guerre sont périodiquement nettoyés et grattés, pour enlever tous les corps étrangers qui s'attachent sur la partie immergée, diminuant ainsi, d'une manière considérable, la vitesse du bateau.

De même, pour diminuer la résistance présentée par le travail de labourage, dont je parle plus haut, on donne aux navires une finesse de forme, tant à l'avant qu'à l'arrière, qui facilite la division de la masse liquide, cette résistance à l'avancement étant évidemment fonction de la surface du maître-couple, c'est-à-dire de la section de la partie immergée du navire à son point le plus large ; — mais on conçoit facilement que cette finesse de forme ne peut pas dépasser certaines limites, sans nuire à la stabilité du navire. — Ce sont ces résistances considérables qui ont amené certains chercheurs à construire des navires qui, au lieu de labourer l'eau, se contentent de glisser à sa surface.

Sir John Russel, dont je parle plus haut, a, le premier, mis en valeur le bénéfice qui résulte du glissement, sur le labourage, ou plus exactement, sur la navigation ordinaire.

La première cause de dérogation à la loi de la résistance est le phénomène de l'émersion du solide hors du liquide, — émersion due à la vitesse et qui rend *l'immersion dynamique* moindre que l'immersion statique.

L'ingénieur naval A. Tellier fils a remarquablement traité cette question dans un opuscule qu'il a publié en 1908 et qu'il a intitulé « L'état actuel de la question des hydroplanes ».

Il a traité cette question d'une manière très scientifique, mais dont l'étude sortirait du cadre qui m'est réservé.

Sir John Russel se livra à une longue série d'expériences, mesurant particulièrement les efforts sur les coques, dûs au glissement, et les efforts relatifs de l'immersion dynamique et de l'immersion statique. Il arriva à établir, comme un axiome d'hydrodynamique que : « la pression exercée par unité de surface sur un solide immergé dans un fluide, et ce, lorsqu'une certaine vitesse est imprimée soit au fluide, soit au solide immergé, est égale à la pression statique d'une colonne du fluide, ayant, pour hauteur, la hauteur due à la vitesse, et pour poids, par unité de surface, le produit de cette hauteur par la pesanteur spécifique du fluide ».

Si l'on veut bien se reporter à l'ouvrage de Tellier fils, on verra que, non seulement Sir John Russel avait découvert le phénomène de l'émersion, mais que, de plus, il avait établi une loi mathématique permettant d'en analyser les effets.

Il n'est pas sans intérêt de faire connaître que, beaucoup plus près de nos jours, en 1895, le regretté ingénieur naval Augustin Normand avait vérifié le même phénomène pendant les essais du premier torpilleur qui ait dépassé la vitesse de trente nœuds, le « Forban »; et je ne crois pas pouvoir mieux faire que d'extraire du bulletin de l'Association Technique Maritime, (session de 1895), une partie du rapport d'Augustin Normand à ce sujet :

« C'est principalement dans les petits bâtiments jusqu'à 200 ou 300 tonneaux que les progrès sont manifestes, et cela parce que le phénomène de la résistance présente alors un caractère tout particulier.

« Ce caractère consiste dans un soulèvement (nous retrouvons bien là l'émersion) dû à la composante verticale de la résistance directe.

« Soient :

$D =$ le déplacement en tonneaux ;

$V =$ la vitesse en nœuds.

« La résistance directe est proportionnelle à $D^{\frac{2}{3}} V^2$ et le phénomène du « soulèvement » se manifeste quand le rapport de la résistance directe au déplacement :

$$\frac{D^{\frac{2}{3}} V^2}{D} = \frac{V^2}{D^{\frac{1}{3}}}$$

atteint une certaine valeur.

« Dans un torpilleur de 125 tonneaux, c'est environ à 20 nœuds que correspond le minimum de l'utilisation ; au delà, l'utilisation grandit. On a dans ce cas, en appelant V la vitesse d'utilisation minima :

$$\frac{V^{\frac{2}{3}}}{D^{\frac{1}{3}}} = \frac{400}{5} = 80$$

« La vitesse d'utilisation minima est donc donnée approximativement par la formule :

$$V_1 = \sqrt[2]{D^{\frac{1}{3}}}$$

« C'est la vitesse à laquelle commence à se manifester le phénomène de l'*émersion*. »

Vers la même époque, le Professeur anglais C. M. Ramus entreprit des essais avec des modèles de bateaux, composés uniquement d'une succession de plans inclinés, constituant ainsi des hydroplanes, ou bateaux glisseurs ; et l'on voit tout de suite le lien étroit qui existe entre l'hydroplane et l'aéroplane : dans les deux cas, il s'agit uniquement de plans inclinés, que l'on veuille se déjauger de l'eau, ou que l'on veuille s'élever dans l'air ; et on sera saisi bien plus encore par cette similitude si l'on veut bien se reporter à la brochure publiée dans cette même « Bibliothèque scientifique », par le Commandant Paul Renard, sur l'Aviation, et dont la conclusion est la suivante :

« Le seul moyen de réaliser le vol mécanique est

d'employer la sustentation oblique et la manière de le faire pratiquement est de construire des aéroplanes ».

Remplacez dans cette conclusion le mot aéroplane par le mot hydroplane, ou inversement, et vous ne tarderez pas à vous apercevoir que le problème est sensiblement le même : qu'il s'agisse de la navigation aquatique, ou de la navigation aérienne.

A la suite de la communication du Révérend C. M. Ramus à l'Amirauté anglaise, des modèles furent expérimentés dans un bassin d'essais; malheureusement, ces expériences furent faites dans l'hypothèse que le déplacement du navire était considérable; on trouva ainsi que la vitesse à laquelle ce navire aurait dû marcher serait si exagérée, que toute application pratique était impossible.

Il ne vint pas à l'idée des expérimentateurs d'alors que, ce qui semblait une impossibilité pour de gros transatlantiques, pourrait néanmoins conserver un intérêt réel, si ce principe était appliqué à des bateaux d'un faible déplacement, pour lesquels la vitesse très grande à obtenir, relative d'ailleurs, deviendrait un problème facile; et qu'alors un bateau ainsi fait pourrait planer pour ainsi dire sur l'eau à une faible vitesse.

De nombreuses expériences eurent lieu dans la suite; et les plus importantes d'entre elles sont dues au Comte de Lambert qui, il n'en faut pas douter, fut amené à l'aviation, dont il fut l'un des premiers pionniers, par l'ordre d'idées méthodiques qui avait conduit ses très célèbres expériences de glissement sur l'eau; et ceci constitue encore le lien étroit que je cherche à établir depuis le commencement de ces lignes, entre l'hydroplane et l'hydroaéroplane.

Jamais deux noms différents n'ont aussi bien représenté une même idée : hydroaéroplane ne veut-il pas simplement dire « hydroplane avec des ailes » ?

C'est vers 1905 que le Comte de Lambert fit, sur des bateaux glisseurs, les expériences les plus concluantes; et je pense que le plus simple est de citer la conclusion d'un article paru dans le journal *La Nature* sous la signature de M. Daniel Bellet, article qui résume les expériences d'une manière frappante et fera, mieux que toute dissertation, comprendre les avantages du bateau glisseur (1).

(1) *La Nature*, n° 1673, 17 juin 1905.

« Nous avons vu marcher, à plusieurs reprises, le bateau de M. de Lambert sur la Seine, et par grosses eaux ; des chronométrages officiels ont été pris de sa marche ; depuis il a donné des allures encore plus rapides, et nous pouvons dire que les résultats sont surprenants. Dès qu'on procède à la mise en marche du moteur, le bateau commence par avancer avec ses plans inclinés encore immergés, qui fendent l'eau horizontalement, mais cela ne dure guère, ils ont pour ainsi dire instantanément tendance à s'élever, et

Fig. 3. — Hydroplane : Bateau-glisseur du Comte de Lambert.

ils sont partiellement sur l'eau au bout de quelques mètres. Alors la vitesse s'accélère brusquement, par suite de la diminution énorme de résistance, et bientôt le bateau est en régime normal de marche, avec un abaissement de travail moteur qu'accusent bien les graphiques qui ont été pris. Il glisse absolument sur l'eau, ou, ce qui semble plus exact, sur une couche d'air emprisonnée entre les patins et l'eau, tout au moins sur une émulsion d'air et d'eau ; il se déplace à une allure de 34, de 37, et de 40 km. et plus à l'heure : et cela avec une puissance motrice de 12 chevaux seulement, au lieu des 80 chevaux qu'il faut pour les canots automobiles ordinaires. C'est là une différence formidable, qu'on doit uniquement au glissement. Et il faut voir passer devant soi ce curieux petit navire pour se rendre compte qu'il patine sur l'eau comme un traineau sur la glace, avec plus d'élasticité même, par suite de la nature différente de la surface ; c'est un spectacle surprenant que de l'apercevoir formant pour ainsi dire ressort sur cette couche élastique, à la surface de laquelle il se déplace en rebondissant un peu et par conséquent en trouvant une résistance réduite au minimum.

« Nous ne pouvons insister davantage sur ce type si intéressant de bateau, ou plutôt d'hydroplane, car il mérite bien un nom nouveau pour la nouveauté des principes sur lequel il est basé. Nous voudrions ajouter qu'il évolue avec une facilité parfaite, qu'il s'arrête dès que stoppe le moteur, puisque la masse immédiatement immergée des flotteurs vient former un frein puissant. Rien n'empêche, dès maintenant, de construire des petits bateaux de plaisance sur ce modèle, bateaux ne dépensant qu'une force motrice très faible ; et nous sommes convaincus qu'avec quelques mises au point spéciales on pourrait arriver à construire de grands navires d'après les mêmes méthodes ».

La figure 3 représente le bateau glisseur du comte de Lambert.

Des expériences qui suivirent rendirent encore plus saisissante la similitude des deux méthodes de navigation ; je veux faire allusion aux expériences de propulsion par hélice aérienne.

Le lecteur a souvent vu, je n'en doute pas, des bateaux mûs par des hélices aériennes, au lieu d'hélices aquatiques ; et dans la plupart des cas, il a entendu, ou fait lui-même la critique suivante : singulière idée que de prendre pour vaincre la résistance de l'eau, fluide très dense, un point d'appui dans l'air, fluide beaucoup moins dense.

Un examen superficiel excuse seul une semblable critique ; le problème n'est pas, en effet, aussi simple : et non plus aussi naïfs que l'on peut le croire ceux qui ont cherché à s'appuyer sur l'air pour vaincre la résistance de l'eau.

Les premiers travaux concernant ce sujet remontent en 1886. A cette époque, le professeur H. C. Vogt fit la communication suivante à l'Association anglaise pour l'avancement des Sciences :

« Si, disait-il, les navires pouvaient être hâlés sur l'eau comme ils sont poussés par les propulseurs usuels, on pourrait facilement économiser 40 0/0 sur la puissance à faire développer aux machines motrices, parce que, aussi bien les roues que les hélices, emploient une partie de leur efficacité à repousser l'eau qui supporte le navire; ce qui augmente sa résistance ».

Plus récemment, en 1902, le Comte de Zeppelin, l'inventeur des dirigeables rigides Allemands, fit figurer à l'exposition de Wansee, près de Berlin, une embarcation propulsée par une hélice aérienne; cette embarcation mesurait 11 m. 500 de longueur, 2 m. 200 de largeur et était mue par un moteur de 12 HP, actionnant par courroie une hélice à deux pales tournant de 850 à 1.500 tours par minute; ce bateau donna des résultats très remarquables; on constata à son bord une absence complète de trépidation, ainsi qu'une très grande facilité de direction et d'évolution.

Les résultats, au point de vue de la navigation aquatique, furent très remarquables, quoique le Comte de Zeppelin eût surtout en vue, en construisant cette embarcation, l'étude de propulseurs aériens destinés à ses gigantesques, trop gigantesques pensons-nous, navires aériens.

Dans cet exposé très rapide des principes des bateaux glisseurs ou hydroplanes, j'ai voulu, beaucoup plus que démontrer leurs avantages, faire voir combien leur construction les indiquait pour s'appliquer à la navigation aérienne.

Si, par la pensée, on imagine deux bateaux glisseurs construits de manière à profiter dans la plus large mesure possible des phénomènes émersifs dus à la vitesse ; si, au lieu de les munir eux-mêmes d'un moteur et d'un propulseur, on conçoit au-dessus d'eux un aéroplane convenablement étudié, qui a lui-même la faculté de s'enlever dès qu'il acquiert une certaine vitesse, en vertu du phénomène de sustentation oblique; si l'ensemble est propulsé sur l'eau avec une vitesse allant constamment en augmentant, on conçoit facilement que l'appareil se déjaugera avec une double facilité : les coques immergées tendront pour leur part à se déjauger, en agissant simplement comme bateaux glisseurs, et ce en vertu des principes que nous venons d'exposer plus haut; la partie aéroplane proprement dite cherchera de son côté à s'élever en vertu du principe de la sustentation oblique; cette double cause aura donc pour tendance de faire déjauger rapidement l'appareil, c'est-à-dire de le « décoller » avec une rapidité d'autant plus grande que sera plus grande la vitesse, ou, ce qui revient au même, que sera plus puissant le moteur.

Ceci revient-il à dire qu'il suffit de prendre une ou deux coques de bateaux glisseurs, d'appliquer dessus un bon aéroplane, pour constituer un hydroaéroplane parfait; évidemment non.

Il existe, en effet, pour l'hydroaéroplane une contingence importante, avec laquelle l'hydroplane n'a pas à compter; c'est le retour des hauteurs sur l'eau son premier élément, ou, pour employer l'expression nouvellement consacrée « l'amerissage », duquel les constructeurs des hydroplanes n'avaient pas à se préoccuper.

Il faut aussi que les bateaux glisseurs employés avec les aéroplanes, ou plutôt que les flotteurs, pour leur donner le nom logique qui leur reste en l'occurrence, soient disposés convenablement par rapport au centre de gravité ; de telle manière que lorsque l'appareil se mettra en marche, ces flotteurs n'aient pas tendance à « s'engager », c'est-à-dire à plonger leurs arêtes antérieures dans l'eau, de telle manière qu'une fois ainsi engagé, il ait tendance, étant donné qu'il serait alors sollicité par un fluide dont la résistance est beaucoup plus considérable que celle de l'air, à se diriger vers le fond de l'eau, et non pas à se déjauger ; ce qui arrive quelquefois lorsque par suite d'une mauvaise disposition des flotteurs par rapport au centre de gravité, ou par suite d'une fausse manœuvre du pilote, l'appareil, au lieu de se cabrer légèrement pour quitter l'eau, tend au contraire à piquer du nez : c'est en un mot le « capotage ». Mais ce mot qui veut dire catastrophe lorsqu'il s'agit de l'aviation terrestre, ne peut provoquer que des accidents sans gravité, au moins pour les personnes, lorsqu'il s'agit de l'aviation fluviale ou maritime ; et c'est une des caractéristiques importantes de l'aviation maritime que cette absence presque complète de dangers.

La course d'aéroplanes marins organisée au mois d'août 1912, à Saint-Malo, par l' « Automobile-Club de France » a été sous ce rapport une démonstration.

Le mois d'août qui avait été choisi par les organisateurs pour cette manifestation sportive, qui était en réalité une dangereuse expérience, au lieu de porter avec soi le calme des eaux et la douceur de la température, a été particulièrement tourmenté; et la course de Saint-Malo à Jersey s'est déroulée par une véritable tempête, qui rendit la mer dure, non seulement à ses nouveaux et fragiles hôtes, les aéroplanes marins, mais encore aux robustes croiseurs, cuirassés, contre-torpilleurs et torpilleurs, qui surveillaient jalousement les premiers pas de ceux qui, demain, seront leurs auxiliaires les plus précieux.

Trois jours durant, le vent fit rage, la pluie ne cessa pour ainsi dire pas, la mer fut constamment grosse et la houle redoutable. Beaucoup d'appareils qui n'avaient fait leurs expériences que sur l'eau calme, se trouvèrent mal de ces circonstances particulièrement mauvaises, et, peu marins par eux-mêmes, capotèrent, s'engagèrent et l'on vit à plusieurs reprises de courageux pilotes avec leurs équipages aller vers le fond avec une rapidité et une soudaineté angoissantes.

Tout se termina par des bains, dont sortirent joyeusement les victimes ; et tel pilote qui allait au fond le samedi, gagnait brillamment la course le lundi sur un nouvel appareil marin, car celui de l'accident était mal au point.

On peut dire, sans être taxé d'aucune exagération que, si les mêmes accidents s'étaient produits dans une course terrestre, la course de l'Automobile-Club de France aurait laissé le triste souvenir d'une véritable hécatombe de courageux pilotes, alors qu'en réalité, elle fut l'apothéose éclatante d'une nouvelle branche de l'aviation ; et rien ne peut mieux résumer le résultat obtenu que la dépêche envoyée à la fin des épreuves par l'Amiral Favereau, qui commandait l'escadre de sécurité mise à la disposition de l'Automobile-Club de France par le Ministre de la Marine, au président du Comité d'organisation, à Saint-Malo.

« Amiral, Gloire, à Président Surcouf »

« Ai été très heureux d'avoir pu donner un concours utile à vos épreuves, qui marqueront la première grande date de l'aviation maritime ».

Aéroplanes marins.

A proprement parler, l'aéroplane marin actuel n'est, à quelques détails près, qu'un aéroplane terrestre auquel on a adapté des flotteurs.

Les principes d'établissement des aéroplanes ont été lon-

BN

guement traités dans deux brochures de la Bibliothèque Scientifique (1) ; les principes d'établissement des flotteurs viennent d'être décrits dans les lignes qui précèdent.

Pour donner au lecteur une idée complète de l'hydroaéroplane et de l'aéroplane marin, il ne reste plus guère qu'à examiner, dans leur ordre chronologique, les différentes expériences auxquelles ont donné lieu ces engins aériens, et décrire ceux qui sont aujourd'hui les plus connus par les meilleurs résultats qu'ils donnent.

Comme je l'ai dit plus haut, les premiers hydroaéroplanes ont été construits par Gabriel Voisin, et l'ont amené à l'expérimentation de son « canard », qui fit de curieuses expériences vers 1906.

A peu près à la même époque, l'ingénieur Fabre s'était installé à bord d'un remorqueur sur l'étang de Berre, dans l'intention bien arrêtée de voler sur l'eau, non pas seulement en considérant l'eau comme un moyen d'essor, comme faisaient à la même époque : Voisin Blériot en France et Curtiss en Amérique, mais pour créer l'aviation maritime. Fabre qui, lui aussi, voulait créer un aéroplane, pensa qu'il était intéressant de mener parallèlement les deux solutions, prétendant, avec beaucoup de raison, que les essais sur l'eau ne présentaient que peu de dangers, et que l'aéroplane serait appelé sur mer à rendre des services plus pratiques que sur terre ; l'avenir démontrera, sans aucun doute, qu'il avait raison.

Après un an d'essais dans cette voie, Fabre dut abandonner ce système ; et cet abandon ne saurait être considéré comme un abandon de l'idée ; ce sont des algues flottantes de l'étang de Berre qui rendaient cette solution peu pratique : elles arrivaient à offrir une telle résistance à l'avancement que, loin de faciliter l'envol, les plans immergés arrivaient alors à s'y opposer complètement. Il reste à craindre que le même inconvénient se reproduise en mer, où l'on risquera en pareille occurrence de rencontrer des corps flottants et aussi des algues qui présenteront les mêmes dangers.

A la suite de cet insuccès, Fabre s'orienta vers les hydroplanes glisseurs, précisément à l'époque où Bonnemaison, l'inventeur des bateaux ricochets, bateaux basés sur les

(1) *Bibliothèque Scientifique*, n° 87, l' « Aviation » ; n° 88, les « Aéroplanes ».

mêmes principes que ceux que je viens de décrire et qui firent beaucoup parler d'eux dans les meetings, se livrait à ses intéressantes expériences. Fabre s'initia à la pratique de l'hydroplane à redan, mais ne tarda pas à constater que les ricochets manquaient de longueur et d'empattement pour soutenir un aéroplane, dont le centre de gravité est toujours relativement élevé et dont les grandes ailes risquent d'être soulevées par le vent de travers. On comprend qu'il fallait un ensemble flotteur qui, tout en ayant les qualités d'un hydroplane, eût la stabilité d'un catamaran.

Comme on peut le voir sur la figure n° 1, l'appareil construit par G. Voisin, qui fut essayé sur le lac d'Enghien, était une forme de cette réalisation : l'ensemble flotteur était composé de trois « ricochets » complets, placés en triangle, deux sous la cellule avant à peu près au-dessous du centre de gravité, un troisième sous la queue de l'appareil; mais, on conçoit facilement qu'un tel appareil, dans lequel chaque petit hydroplane est parallèle à la surface de l'eau, ait une tendance à « s'engager », dès qu'il est accidentellement recouvert par l'eau; ce qui est le cas le plus fréquent dans la navigation maritime.

Cet inconvénient est encore accentué par le fait que ces flotteurs, étant au nombre de trois, sont forcément chacun assez petit, par conséquent peu élevés au-dessus de l'eau et peu défendus à la vague; de plus, ils font tous trois partie d'un ensemble rigide et ne sont pas indépendants quant à leur position respective; ils manquent par suite de la ressource du bateau indépendant qui, lorsqu'une vague attaque son fond, par exemple, peut se laisser cabrer pour la surmonter et reprendre ensuite sa position normale; ce mouvement de défense ne serait admissible, dans le cas qui nous occupe, que si des vagues attaquaient les trois flotteurs de la même manière et au même endroit; ce qui peut être considéré comme irréalisable.

On peut donc dire qu'un flotteur faisant partie d'un ensemble rigide de trois flotteurs, placés en tandem ou non, est à peu près forcé de passer au travers de la lame et exposé par conséquent à s'engager fréquemment, cela surtout s'il n'a pas, par le fait de ses formes, une force sustentatrice due à sa vitesse; quand il passe ainsi sous la vague il tend à y pénétrer de plus en plus; autrement dit, il s'engage.

L'appareil Voisin qui nous occupe était donc stable parce

qu'il avait trois flotteurs suffisamment écartés, rapide parce qu'il était nettement hydroplane, mais il risquait d'engager.

Au lieu de constituer chaque flotteur par un hydroplane complet qui, une fois immergé, n'a plus de force sustentatrice due à sa vitesse, Fabre coupa cet hydroplane en deux, au droit du redan, pour en faire deux flotteurs séparés, placés en tandem. Il put ainsi donner à ses flotteurs la section longitudinale d'une aile; la résistance à l'avance-

Fig. 4. — Aéroplane marin Henri Fabre.

ment dans l'air du redan se trouva par suite supprimée ; et le flotteur garda sa force sustentatrice propre, tant en glissant dans l'eau qu'en plongeant complètement dans l'air, ou complètement dans l'eau ; ce qui constitue, à n'en pas douter, un avantage appréciable. Il est bon, en effet, que l'appareil de sustentation dans l'eau, loin d'être une gêne dans le vol aérien, soit au contraire une aide, en utilisant sa surface.

La réalisation était assez élégante, il s'agissait de placer un ou deux flotteurs avant, ayant un certain angle positif avec l'horizontale; et de même à l'arrière un, ou des flotteurs ayant un angle qui pouvait être plus faible, constituant ainsi un ensemble flotteur qui pouvait passer impunément dans ou sous la vague.

Fabre construisit, en 1907, un premier appareil de ce type : c'était un grand monoplan de 36 mètres de surface avec deux flotteurs avant et un arrière ; cet appareil pesait, avec le pilote, 950 kilos et ne disposait que de 36 HP ; il fut longuement essayé, mais ne put jamais s'enlever, si ce n'est à la remorque ; cet appareil manquait évidemment de puissance motrice.

En mars 1910, Fabre exécutait, à ma connaissance, le premier vol sur l'eau avec un appareil assez semblable au type « canard », c'est-à-dire ayant un flotteur avant et deux à l'arrière (fig. 4) ; un moteur Gnome de 50 HP lui avait permis d'enlever un appareil qui n'avait que 18 mètres carrés de surface d'ailes et pesait, en charge, 460 kilogrammes (*Aérophile*, 1910). Ces essais eurent lieu exactement le 28 mars 1910, en présence d'une commission de l'Aéro-Club de France et d'un grand nombre de témoins enthousiasmés. Monté par Henri Fabre lui-même, l'hydroaéroplane fut d'abord essayé comme hydroplane et atteignit la vitesse déjà coquette de 55 kilomètres à l'heure.

Dans les essais de vol qui suivirent, l'appareil quitta facilement l'eau et à 2 mètres au-dessus du niveau de la mer, exécuta un parcours impeccable de 4 à 500 m. de longueur.

Au cours d'une expérience suivante qui eut lieu dans le port de La Mede, l'appareil, après avoir volé à une dizaine de mètres au-dessus de l'eau, vint doucement redescendre sur la mer, près du rivage ; les témoins eurent la forte impression que l'essor et l'amerissage (par calme plat il est vrai) avaient été remarquablement faciles et élégants.

Le 17 mai suivant, Fabre renouvelle ses expériences aux Martigues, vole 5 ou 6 kilomètres à 20 mètres de hauteur ; un accident banal d'amerissage met l'appareil hors de service ; le pilote est précipité au loin, sans aucun mal.

Dès ce moment, on peut dire que l'hydroaéroplane marin est conçu et que sa réalisation définitive ne dépend plus que d'une question de perfectionnement, que l'avenir devait réaliser avec la promptitude qui semble être l'apanage de toutes les questions aéronautiques.

CONCOURS DE MONTE-CARLO (24-31 mars 1912). — Le concours d'hydroaéroplanes de Monte-Carlo fut, sans contredit, la première manifestation sportive révélant d'une manière indiscutable les puissantes qualités du nouvel oiseau de mer.

Ce fut un appareil Henri Farman, piloté par Fischer, qui en sortit vainqueur.

Renaux sur biplan, M. Farman enlevait la deuxième place devant Le Triad Paulhan-Curtis piloté par Paulhan lui-même.

Les systèmes de flotteurs qui prirent part à ce concours, peuvent se diviser en trois catégories :

1° Deux flotteurs parallèles, plus ou moins allongés, placés sous la cellule et formant catamarans (appareils H. Farman et Sanchez-Besa) ;

2° Trois flotteurs hydroplanes séparés (canards Voisin, Caudron-Fabre, M. Farman);

3° Un seul flotteur central hydroplane (Triad Curtiss et Triad Paulhan-Curtiss).

L'appareil n° 3 que représente la figure n° 5 est le « Canard Voisin », construit suivant les données de l'appareil du prince de Bibesco dont nous parlons plus haut; piloté par l'excellent ingénieur et pilote Colliex, il fit preuve de qualités de navigabilité parfaites et ne dut son insuccès définitif qu'à un accident banal, qui le mit hors de service au cours des épreuves.

Le canard hydroaéroplane ne reparut pas dans les concours à la suite de Monte-Carlo ; mais cela ne veut pas dire, à notre avis, que l'idée soit condamnée, et il y a lieu d'espérer que Voisin renouvellera des expériences, qui furent trop prometteuses pour être abandonnées.

C'est au cours de cette même manifestation qu'apparurent les hyroaéroplanes marins du système Curtiss, construits et présentés en France par l'aviateur Paulhan.

L'appareil terrien Curtiss n'était pas un inconnu dans l'Aviation française; et l'on se souvient que, lors du premier meeting de Reims, ce fut lui qui gagna l'épreuve de vitesse, dénommée « Coupe Gordon-Bennett », contre un appareil Blériot.

Curtiss, ingénieur américain de grand mérite avait, en s'inspirant des principes mis en évidence par les immortels inventeurs que sont les frères Wright, établi un appareil de vitesse très remarquable, qui confirma en partie ses grandes qualités terriennes lorsqu'il s'élança sur la mer.

Les expériences de Glen Curtiss furent suivies d'un grand nombre de vols dans la Méditerranée, vols auxquels le ministre de la Marine de France s'intéressa d'une manière toute particulière.

Cet appareil, du type biplan, comporte un seul flotteur, suffisamment long pour que la stabilité de route en navigation soit assurée sans l'adjonction d'un flotteur arrière.

Le système de flottaison est complété par des flotteurs de peu d'importance placés aux extrémités des plans inférieurs de la cellule. Faut-il attribuer à ce dispositif l'in-

Fig. 5 — Canard Voisin (Concours de Monte-Carlo).

succès relatif de ces appareils sur la Manche, lors de la Course de Saint-Malo-Jersey par une mer qui fut d'ailleurs exceptionnellement dure, ou faut-il l'attribuer aux dispositifs généraux de l'appareil? Il est encore bien difficile de le dire.

Toutefois, il y a lieu de remarquer que plusieurs des types d'appareils présentés à Saint-Malo étaient munis de ce dispositif de « flottaison temporaire », qui est constitué par des flotteurs placés aux extrémités des ailes, comme nous venons de le dire plus haut, et qui ont pour mission d'empêcher l'aile de pénétrer dans l'eau lorsque, pour une cause ou pour une autre, l'appareil est déséquilibré, — cas qui se présente assez fréquemment lorsqu'un hydroaéroplane immobile sur l'eau est pris par le vent de travers, — dans ce cas les flotteurs d'extrémité d'aile se posent sur l'eau et empêchent le mouvement commencé de se transformer en un capotage définitif, retournant l'appareil et le naufrageant.

Envisagé ainsi, l'emploi du dispositif de flotteurs d'extrémité d'ailes semble assez bien se justifier; mais il apparaît que lorsque l'appareil est en mouvement, naviguant à la surface, en hydroplane, les flotteurs ainsi imaginés constituent, au contraire, un danger de capotage.

Lorsque l'appareil navigue à une faible vitesse, il n'échappe pas complètement au danger d'être pris par le coup de vent de travers; il est, en effet, difficile d'admettre qu'un appareil, dans ses évolutions sur l'eau, navigue toujours soit vent arrière, soit vent debout. — Evidemment il sera en maintes circonstances obligé de virer et de se présenter par le travers pendant un temps qui, pour aussi minime que l'on voudra l'admettre, sera toujours suffisant pour désemparer l'appareil d'une manière sérieuse.

L'action des flotteurs d'extrémité d'aile devient alors, semble-t-il, très différente de celle que nous avons décrite plus haut : l'appareil étant en marche, le flotteur qui touche l'eau constitue une sorte de frein qui a pour effet de diminuer la vitesse d'avancement de l'aile qui touche, en laissant complète la vitesse de l'autre extrémité qui, elle, au contraire, s'est éloignée de l'eau. Il en résulte alors un phénomène facile à concevoir : l'appareil a une tendance à virer sur cette sorte de frein nautique, se présente alors davantage par le travers, engage l'aile qui touche l'eau d'une façon irrémédiable et le capotage définitif ne tarde pas à se produire, à moins que le pilote n'ait eu le temps d'arrêter son moteur et de dégager son aile. Il est encore impossible de condamner ou d'admettre sans réserve tel ou tel système de flottaison; les expériences qui ont été faites sont encore insuffisantes pour qu'un auteur, chargé de se prononcer sur cette délicate question, ait l'imprudence d'essayer de la trancher; mais j'ai la conviction que ce système, qui n'est en réalité qu'une application du principe des « balanciers esquimaux », sera abandonné à cause des inconvénients dont je viens de parler, d'autant plus qu'il est possible d'obtenir, comme l'ont démontré un certain nombre d'appareils à Saint-Malo, un équilibre latéral, parfaitement suffisant pour éviter le capotage, par des flotteurs convenablement étudiés et surtout suffisamment espacés l'un de l'autre pour constituer un levier de résistance aux attaques par le travers.

Les appareils Farman, Sanchez-Besa, Astra, Nieuport présentés au même concours de Saint-Malo, munis de flotteurs doubles, semblent avoir fait cette démonstration d'une manière irréfutable, au cours de l'escale de Jersey, dans la Baie de Saint-Hélier, escale qui dura près d'une heure, sur une mer houleuse, par un vent de tempête.

La Méditerranée, en effet, ne saurait être considérée comme la mer devant servir de critérium pour des essais des résistances certainement exigibles de tout appareil doté du nom « d'aéroplane marin ». Un certain nombre de difficultés, et non des moindres, sont évitées à ces engins lorsqu'ils sont expérimentés sur la Côte d'Azur ; l'absence de marée d'abord et, dans la plupart des cas, l'absence de gros temps, sont des facteurs importants avec lesquels il faut compter. Néanmoins, la manifestation de Monte-Carlo fut à l'aéroplane marin un peu ce que les premiers meetings de Reims furent à l'aviation et tous les concurrents présentèrent des appareils qui accomplirent des parcours remarquables.

Monte-Carlo fut également la démonstration de la facilité avec laquelle un pilote, ayant fait son apprentissage sur terre, peut conduire un hydroaéroplane sur mer, sans aucun apprentissage nouveau : les constructeurs trouvèrent là une source précieuse d'enseignements dont les principaux furent les suivants :

Nécessité de la possibilité de mise en marche du moteur par le pilote sans quitter le bord ;

Protection de l'hélice contre les embruns dont les effets sur le bois sont aussi désastreux que ceux des chocs produits par des petites pierres ;

Supériorité des hélices placées à l'avant des cellules sur celles placées à l'arrière qui sont plus exposées à recevoir les embruns ;

Nécessité de placer les pilotes et passagers à l'abri des éclaboussures.

Il est à remarquer enfin que tous les appareils marins furent des biplans. — C'est que sur mer la nécessité des grandes surfaces s'impose, le départ et l'amerissage étant d'autant plus faciles que les vitesses sont plus faibles. Pour les grands raids sur mer, les appareils devront emporter de lourdes provisions à cause de l'impossibilité de prévoir, — du moins dans la plupart des cas, — des escales de ravitaillement.

Les résultats vraiment remarquables — j'allais écrire inattendus – du concours de Monte-Carlo n'empêchèrent pas les détracteurs de déclarer que les aéroplanes marins seraient toujours impuissants sur une mer vraiment agitée. Quelques mois de patience et la course de Saint-Malo-Jersey et retour se charge de répondre victorieusement.

COURSES DE SAINT-MALO (24-25-26 août 1912). — Cette remarquable série d'épreuves fut organisée par l'Automobile-Club de France; elle comportait trois courses de vitesse :

24 août. — Départ de l'anse des Bas-Sablons, aller doubler le feu du Grand Jardin, revenir sur Saint-Servan, doubler le pylône de la Cité, aller doubler une seconde fois le feu du Grand Jardin et franchir au retour, en vol ou non, la ligne d'arrivée, confondue avec la ligne de départ et déterminée par la ligne joignant le feu du môle de Saint-Malo et le pylône établi à l'angle Nord du fort de la Cité, soit un parcours de 22 kilomètres 200.

25 août. — Départ de l'anse des Bas-Sablons, aller doubler le feu de Rochebonne, puis le sémaphore du Décollé et rentrer, après être passé devant Dinard, soit un parcours de 22 kilom. 500.

26 août. — Course Saint-Malo-Dinard-Saint-Hélier (île de Jersey), escale de 30 minutes au minimum, puis retour à Saint-Malo, soit un parcours de 145 kilomètres environ. 12 hydroaéroplanes, 7 biplans et 5 monoplans furent régulièrement engagés par 10 constructeurs. Ce sont, rangés alphabétiquement, avec leurs caractéristiques principales et leurs pilotes, les appareils suivants :

Astra; biplan, du type général C. M., longueur, 11 mètres; envergure, 12 m. 30; hauteur totale, 3 m. 40; 3 flotteurs du type Tellier sans redan, en bois contreplaqué, 2 de 1 m. 15 de large × 4 m. 50 de long, disposés parallèlement à l'axe longitudinal, sous la cellule porteuse, le troisième flotteur sous le plan d'empennage; poids en ordre de marche à vide, 800 kilos environ ; moteur Renault 100 HP. Pilote : Labouret.

Borel; monoplan, 11 m. 38 d'envergure; longueur, 9 m. 55 (flotteurs compris) ; largeur (ailes repliées contre le fuselage), 2 m. 20 ; surface portante, 18 mètres; 3 flotteurs, 2 à l'avant, 1 à l'arrière; moteur Gnome 80 HP; type à 2 places; mise en marche de l'intérieur de l'appareil par le passager. Pilote : Chambenois.

Deperdussin; monoplan; 11 mètres d'envergure; 3 flotteurs Tellier; moteur Gnome 80 HP; 2 passagers éventuels. Pilote : G. Busson.

Donnet-Levêque; biplan (fig. 6). La partie flottante est une sorte de canot constitué par un hydroplane à redan en acajou contreplaqué d'une longueur de 8m,800 dans lequel prennent place le pilote et le passager. Pilote : Beaumont.

Fig. 6. — Biplan Donnet-Levêque.

M. Farman; biplan, 2 flotteurs, 20 mètres d'envergure, moteur Renault, 70 HP. Pilote : E. Renaux.

Nieuport; monoplan, 3 flotteurs, 12m,50 d'envergure, moteur Gnôme 100 HP. Pilote : Weymann.

Paulhan; (2 appareils), biplan, 3 flotteurs. 10m,80 d'envergure; moteur Paulhan-Curtiss 75/89 HP. Pilotes : Barra et Mesguich.

Rep; monoplan. Envergure 11m,60, longueur 7m,50, hauteur 2m,80. Flotteurs du système Fabre, un placé à l'arrière, un flotteur à l'avant de 3 mètres d'envergure pour une longueur de 2m,30, moteur 80 HP. Pilote : Molla.

Sanchez Besa; (2 appareils), biplan; 2 flotteurs à l'avant;

17 mètres d'envergure; moteurs Renault 100 HP et 70 HP. Pilotes : Benoist et Rugère.

Train Astra ; monoplan ; 1 flotteur ; 12m,94 d'envergure ; moteur Gnome 80 HP. Pilote : Train.

Des bonifications importantes étaient accordées aux appareils qui enlevaient des passagers en plus du pilote.

La première et surtout la troisième journée furent peu favorisées par le temps et c'est par une véritable tempête que

Fig. 7. — Appareil Astra, vainqueur des épreuves de Saint-Malo.

se déroula la course Saint-Malo-Jersey-Saint-Malo. Les résultats superbes, obtenus dans de telles conditions, n'en furent que plus significatifs et démontrèrent sans restrictions possibles, cette fois, ce que l'on peut attendre des aéroplanes marins.

Le classement général des trois journées s'établit ainsi :

1. Labouret (*Astra*). A fait les trois parcours, gagne 15.000 francs et le prix du ministre de la Marine (fig. 7).

2. Benoist (*Sanchez-Besa*), les trois parcours. Gagne 10.000 francs et la médaille du ministre de la Marine (fig. 8).

3. Molla (*Rep*). Trois parcours également, touche 6.000 fr.

4. Renaux (*Maurice Farman*), a seulement un parcours. Gagne 4.000 francs.

5. Weymann (*Nieuport*). Un parcours, 2.000 francs.

6. Mesguich (*Paulhan*), deux départs, 666 francs.

Un prix spécial de vitesse pure (3.000 francs) offert par la Ville de Jersey est gagné par Weymann sur appareil Nieuport (fig. 9).

Les systèmes de flottaison, présentés à Saint-Malo, sont sensiblement les mêmes que ceux de Monte-Carlo, mais les

Fig. 8. — Biplan Sanchez-Besa au Concours de Saint-Malo (2e du classement général).

conditions toutes différentes de la course semblent mettre en contradiction deux écoles nettement différenciées en ce qui concerne le nombre des flotteurs. A Monte-Carlo, les appareils munis d'un ou de deux flotteurs sous la cellule principale ont paru donner des résultats sensiblement les mêmes ; alors qu'à Saint-Malo, les forces du vent et de la houle combinées paraissent avoir donné un avantage marqué aux appareils munis de deux flotteurs. On peut admettre que les courses des deux premiers jours furent des épreuves éliminatoires sagement prévues pour éviter de lancer au-dessus de la pleine mer des appareils que leur mise au point insuffisante n'aurait pas préparés à une épreuve aussi dure — rendue plus dure encore par les circonstances climatériques exceptionnellement défavorables. — Cinq appareils sur douze engagés restèrent qualifiés pour la dernière épreuve.

Quatre d'entre eux étaient munis du double système de flottaison : Astra, M. Farman, Nieuport, Sanchez-Besa.

Un seul reposait sur un seul flotteur du système Fabre, le Rep.

Encore est-il juste de dire que pour ce dernier qui se classa d'une façon très brillante et qui fit preuve de qualités aéronautiques qui ne pouvaient faire de doute pour ceux qui ont vu la marque à l'œuvre sur terre, il y a lieu de faire des réserves quant à sa tenue sur forte mer aux vitesses ralenties ou au repos; en effet, les ingénieurs des Etablissements Rep, voyant les incidents qui mirent hors de course, les deux premiers jours, les appareils à un seul flotteur, imaginèrent le dispositif très ingénieux suivant : au lieu de placer aux extrémités des ailes les flotteurs décrits plus haut, ils fixèrent au même point des sortes de « baliveaux » en bois léger, réunis aux membrures d'ailes par des cordes d'une longueur telle que, lorsque l'appareil était en repos sur l'eau, les baliveaux flottaient sans que l'appareil ait à supporter leur poids ; mais, dès qu'un mouvement de roulis se produisait, l'aile qui cherchait à se soulever était obligée d'entraîner avec elle la pièce de bois qui lui était ainsi fixée, d'où une résistance très importante, qui avait tendance à rétablir l'équilibre, d'autant plus que la corde de l'extrémité opposée, en mollissant, délivrait, d'une façon complète l'aile qui cherchait à se rapprocher des flots, du poids du flotteur. On comprend, sans autre description, l'avantage très sérieux que ce système avait sur les flotteurs fixes placés au niveau des ailes elles-mêmes; mais il faut ajouter d'autre part que, tel du moins qu'il fut imaginé à Saint-Malo, ce dispositif ne peut être considéré que comme un moyen de fortune : il a, en effet, le grave inconvénient de ne pouvoir être emporté par l'appareil au cours de ses vols, et il fallait, dès que le moteur avait été mis en marche, que l'appareil se présentait tête au vent, le débarrasser de ses deux flotteurs, pour qu'il pût prendre son essor. C'est évidemment là un très grave inconvénient, qui rend ce dispositif inadmissible, mais qui eut pour résultat de permettre à un appareil, excellent en soi, de se placer d'une manière plus qu'honorable.

Je ne veux pas dire, au surplus, qu'il n'y ait pas lieu de rechercher si, dans cette voie, ne se trouve pas la possibilité d'équilibrer les appareils à un seul flotteur. L'idée est extrêmement originale et il serait bien surprenant qu'un perfectionnement prochain ne la rendît pas pratique.

Fig. 9. — Monoplan Nieuport à Saint-Malo (vainqueur du prix spécial de vitesse).

Les appareils munis d'un seul flotteur présentent un autre inconvénient, sur lequel il est bon d'insister : c'est que le volume du flotteur unique, et par conséquent son encombrement et son poids, doivent être sensiblement plus élevés que le volume des deux flotteurs réunis pour le même appareil, pour les raisons suivantes :

Lorsqu'un appareil, muni d'un seul flotteur, est sollicité par des mouvements de roulis, la « bande » qu'il prend devient immédiatement très importante et une partie considérable du flotteur tend à se « déjauger » ; l'appareil ne repose plus alors que sur une tranche latérale du flotteur, qui s'enfonce profondément, le côté opposé à la bande sortant de l'eau et n'ayant plus alors aucune utilité ; le poids total de l'appareil doit, en conséquence, être porté par une partie du flotteur, qui ne représente évidemment pas la moitié, alors que dans le système à deux flotteurs, on peut dire qu'il n'arrivera jamais que l'un des deux flotteurs soit complètement hors de l'eau ; ce qui revient à dire que : pour un appareil à deux flotteurs, la jauge de l'ensemble de la flottaison peut représenter sensiblement le poids de l'ensemble de l'appareil, avec un excédent relativement faible, alors que pour l'appareil à un seul flotteur, la jauge doit être considérablement plus grande que ne l'exigerait le poids de l'ensemble.

Pour la même raison, le flotteur unique doit être étudié de telle manière que sa hauteur soit assez grande pour que, dans le cas de roulis considéré plus haut, il ne soit pas couvert par les flots, c'est-à-dire « engagé » par une de ses faces latérales. — inconvénient qui, non plus, ne peut se produire pour les deux flotteurs —. Il en résulte donc que l'ensemble de flottaison pour l'appareil à deux flotteurs, aura une surface plus grande que pour l'appareil à un seul flotteur, puisque, pour un volume égal, la dimension hauteur pourra être moins grande. L'avantage qui découle de cette constatation est que, lors de la navigation aéronautique, la surface étant plus grande, si elle est convenablement étudiée, elle concourra d'une manière plus efficace à la sustentation générale de l'ensemble.

Saint-Malo fut aussi l'occasion, pour les monoplans, de prendre leur place dans l'aviation maritime, puisque deux des appareils qui prirent part à la troisième course de Jersey étaient de ce type : le Nieuport et le Rep, et que, sur les trois qui accomplirent les parcours, sans pénalisation, l'un d'eux, le Rep, était également monoplan.

Le Nieuport fut remarqué d'une façon particulière, parce que ses flotteurs étaient étudiés dans une voie très différente de ses concurrents; son système de flottaison est dû aux études de l'enseigne de vaisseau Delage, qui joint aux brillantes qualités d'un marin distingué, celle d'un pilote aviateur de la première heure. Les flotteurs qu'il avait imaginés étaient très différents des autres, comme on peut le voir assez facilement par l'examen de la figure 9; leurs deux particularités principales sont les suivantes :

L'avant des flotteurs, au lieu d'être en bois, comme le corps principal, est constitué par une sorte de « museau » en tôle d'acier emboutie qui aura pour excellent effet de leur permettre, dans la navigation à fleur d'eau, de supporter des chocs assez violents qui détruiraient peut-être des appareils complètement construits en bois. Sur ce museau se trouvent fixés, par le procédé de la soudure autogène, des ailerons auxiliaires formant, avec le plan de flottaison, un angle assez important, qui donne aux susdits ailerons, quand l'appareil descend et que l'avant des flotteurs a tendance à s'engager, la faculté de créer une composante verticale, dirigée vers le haut, qui a pour effet de relever immédiatement l'appareil. Cette composante, quoique la surface des ailerons soit très minime, mais à cause de la distance assez considérable à laquelle ils sont placés du centre de gravité, est estimée par son ingénieur à 300 kilos environ ; il semble bien en résulter que, dans ces conditions, le monoplan Nieuport ne peut s'engager que très difficilement. C'est un avantage qui, s'il est confirmé par la pratique, est loin d'être négligeable.

Le succès des monoplans à Saint-Malo est d'excellente augure, car, si l'on admet aujourd'hui que l'appareil de grandes dimensions a une place tout indiquée sur mer, principalement pour la défense des côtes, on ne peut nier, d'autre part, que l'appareil qu'emporteront les escadres pour s'éclairer dans leur navigation en haute mer, ne pourra être que peu encombrant, facile à démonter et remonter, facile à loger, qualités qui resteront vraisemblablement l'apanage du monoplan.

Ceci revient à dire que les catégories d'appareils qui seront utilisées par les armées de mer, seront bien sensiblement les mêmes que pour les armées de terre.

Le monoplan lorsqu'il s'agit de la reconnaissance tactique immédiate et rapide.

Le biplan lorsqu'il s'agit de la reconnaissance plus étendue, de la nécessité d'emporter un observateur, de se livrer à des opérations précises et de rapporter des renseignements plus étendus et d'une portée plus grande.

Enfin, l'appareil de combat, à l'abri des coups, armé pour en porter de terribles, comportant un pilote, des artilleurs, des munitions et des approvisionnements pour lui permettre d'aller chercher l'adversaire là où il se trouve ; cet appareil qui devra peser dans son ensemble un poids considérable sera, par conséquent, au minimum, un biplan, possiblement même un multiplan. C'est la frégate aérienne de l'avenir, de demain peut-être, qui emportera dans ses flancs des milliers de chevaux de puissance, qui sera mue par de multiples hélices, qui aura peut-être 100 mètres de longueur et qui devra sa sécurité à sa puissance et à sa vitesse. Bien évidemment, ce gigantesque appareil aérien n'est pas réservé exclusivement à l'aviation maritime ; mais on peut dire, sans crainte d'être contredit, que ce sera sur l'eau qu'il prendra naissance ; et j'imagine très bien le constructeur osé qui en commencerait l'étude demain, avec l'idée de l'expérimenter sur l'élément liquide, alors qu'il paraît impossible d'y songer encore si c'est sur terre que le premier essai doit être tenté.

*
* *

L'hydroaéroplane et l'aéroplane marin sont les derniers nés du génie français ; on peut bien dire que la France a réalisé, d'une manière définitive et complète, la conquête de l'océan aérien ; les perfectionnements feront le reste ; les accidents seront évidemment de moins en moins nombreux, au fur et à mesure que grandira le nombre des appareils et que grandiront, par conséquent, les moyens de les construire et l'habileté des pilotes.

L'Aviation maritime, sous ce rapport, aidera beaucoup au progrès définitif ; elle ramènera, sans aucun doute, l'homme de sport à l'aviation, éloigné qu'il en avait été par la multiplicité des accidents, par le long martyrologe des débuts ; mais, tout en rendant un hommage mérité à ceux qui sont tombés pour la gloire de l'idée, il m'est bien permis de dire que l'opinion publique s'est émotionnée à tort du nombre, toujours trop considérable, des morts.

Est-il bien vrai de dire, qu'au moment où le génie humain jette à terre, dans un effort éclatant de grandeur et de majesté, la barrière la plus infranchissable que la Nature avait élevée entre les éléments et lui, quelques vies humaines, trop nombreuses toujours, soient trop payer un trophée de pareille importance ?

Demain sera, sans conteste, la gloire sans regret, sans ombre, sans deuil ; et l'Aviation maritime aura, on peut le prédire en toute certitude, le mérite d'avoir contribué à l'éclosion définitive.

Un homme qu'il faut citer toujours, parce qu'en plus d'un ingénieur admirable, d'un pilote remarquable, il fut un précurseur avisé, n'a-t-il pas dit, quelque temps avant de mourir : « L'avenir des gros aéroplanes est sur mer ». Tout aujourd'hui justifie cette admirable prophétie du regretté capitaine Ferber, de glorieuse mémoire.

ANGERS. — IMPRIMERIE A. BURDIN ET Cie, 4, RUE GARNIER.

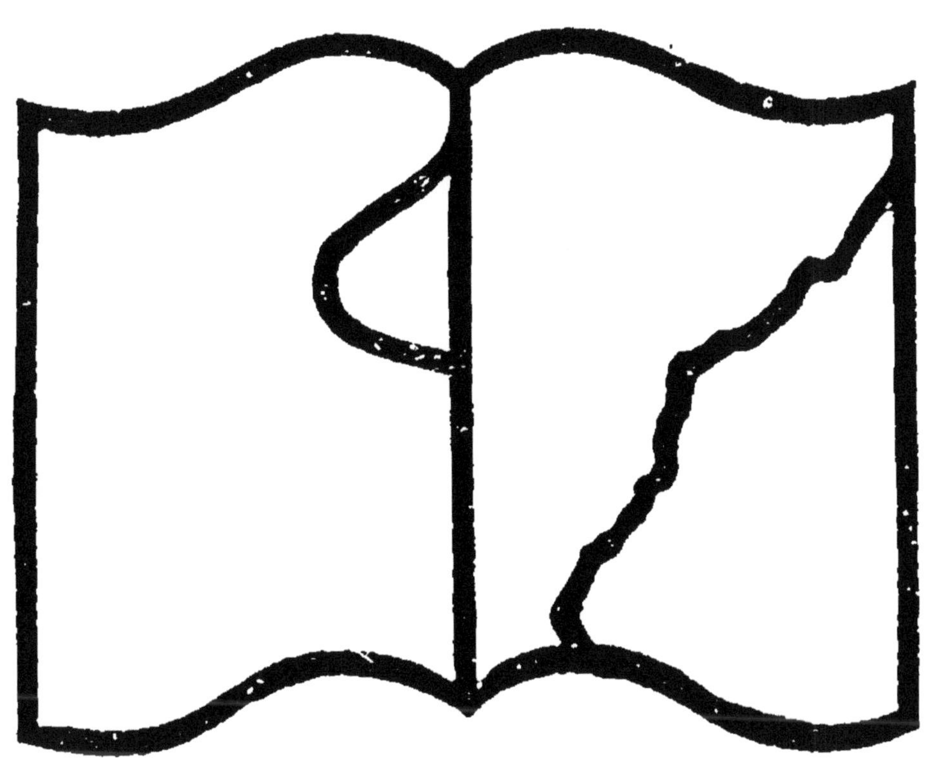

Texte détérioré — reliure défectueuse

NF Z 43-120-11

LIVRES DE RÉCRÉATION ET D'INSTRUCTION

à DIX et QUINZE centimes

(Suite)

RÉCITS DES GRANDS JOURS DE L'HISTOIRE

Le volume QUINZE centimes

(Franco par la poste : 1 volume 20 centimes, 2 volumes 35 centimes.)

Tous les volumes sont illustrés.

EXTRAIT DU CATALOGUE DES CINQUANTE-DEUX VOLUMES EN VENTE :

Deux Étapes du retour de l'île d'Elbe, par HENRY HOUSSAYE (1 vol.).
La Machine infernale de Fieschi, par MAXIME DU CAMP (1 vol.).
La Banque de la Rue Quincampoix, d'après SAINT-SIMON, DUCLOS, etc. (1 vol.).
La Révolution de 1848, d'après un récit de M. THIERS (1 vol.).

Le Catalogue complet de ces collections est envoyé gratis et franco à toute personne qui nous en fait la demande par lettre affranchie.

BIBLIOTHÈQUE
DES PETITES SOURCES DE RICHESSE

Le volume relié : 1 franc (Franco 1 fr. 20).

VOLUMES EN VENTE :

L'élevage du Lapin (1 vol.).
Le poulailler pratique (1 vol.).
Les Abeilles et la Ruche (1 vol.).
Les produits de la Laiterie (1 vol.).
Le Jardin fruitier et le Verger (1 vol.).
L'élevage du Pigeon (1 vol.).
Le Porc et ses produits (1 vol.).
Dindon, Pintade, Oie et Canard (1 vol.).
La Culture potagère (1 vol.).
Le Petit Domaine (1 vol.).
Le Médecin des animaux (1 vol.).

Adresser les commandes, accompagnées du montant en mandat-poste ou timbres français, à M. Henri GAUTIER, éditeur, 55, quai des Grands-Augustins, Paris.

BIBLIOTHÈQUE SCIENTIFIQUE DES ÉCOLES ET DES FAMILLES

CHEZ TOUS LES LIBRAIRES
MARCHANDS DE JOURNAUX
ET DANS LES GARES
LE VOLUME : 15 CENTIMES

Franco par la poste en s'adressant à
M. Henri GAUTIER, Éditeur,
55 quai des Grands-Augustins, Paris.
Un volume : 20 centimes;
2 vol. : 35 centimes; 25 vol. : 4 francs.

VOLUMES EN VENTE

1. **La Photographie**, par A. et L. Lumière.
2. **Les Fourmis**, par H. Mercereau.
3. **Les Travaux de M. Pasteur**, par Gustave Philippon.
4. **Les Parfums**, par H. Coupin.
5. **Neige et Glaciers**, par C. Velain.
6. **Lavoisier**, par H. Mercereau.
7. **Les Ballons**, par Louis Cornet.
8. **Sucres Sucrerie et Raffinerie**, par A. Hébert.
9. **Les Animaux travailleurs**, par Victor Meunier.
10. **Les Plantes vénéneuses**, par L. Duclos.
11. **La Soie, soie naturelle, soie artificielle** par H. Mercereau.
12. **Les Impôts sous l'ancien Régime**, par L. Prévaudeau.
13. **La Photographie**, développement et tirage, par A. et L. Lumière.
14. **Le Collectionneur d'insectes**, par Henri Coupin.
15. **L'Eclairage électrique**, par E. Dumont.
16. **L'Industrie de l'alcool**, par A. Hébert.
17. **Les Microbes de l'air**, par R. Cambier.
18. **La Fièvre**, par le Dr Garran de Balzan.
19. **Le Diamant**, par H. Mercereau.
20. **La Céramique et la Verrerie à travers les âges**, par Ch. Quillard.
21. **Hygiène du Chauffage et de l'Éclairage**, par N. Gréhant.
22. **Les Impôts depuis la Révolution**, par L. Prévaudeau.
23. **Les Pierres tombées du ciel**, par Stanislas Meunier.
24. **Le Soleil**, par Charles Martin.
25. **Le Croup**, par le Dr Lepage.
26. **Les Travaux d'Édison**, par E. Dumont.
27. **Les Voitures sans chevaux**, par Louis Cornet.
28. **Iles et Récifs madréporiques**, par Edmond Perrier, de l'Institut.
29. **La Chimie de la table**, par X. Rocques.
30. **L'Or**, par H. Mercereau.
31. **La Poste aérienne à travers les âges**, par Ch. Sibillot.
32. **Les Etoiles**, par Ch. Martin.
33. **Le Surmenage moderne et la Neurasthénie**, par le Dr Azygos.
34. **Le Fer**, par R. Jagnaux.
35. **L'Allaitement**, par le Dr Porak.
36. **Les Eaux de table**, par le Dr Laumonier.
37. **Les Engrais chimiques**, par E. Roux.
38. **Les Vers parasites de l'homme**, par Chatin.
39. **Le Vin**, par A. Hébert.
40. **Le Pigeon messager**, par Ch. Sibillot.
41. **Les Cyclones**, par L. Besson.
42. **L'Hygiène de la Table**, par X. Rocques.
43. **Cyclisme et Cyclistes**, par H. de Graffigny.
44. **Le Ciel**, par Charles Martin.
45. **Les Eléments de la Céramique et de la Verrerie**, par Ch. Quillard.
46. **Les Tremblements de Terre**, par Victor Meunier.
47. **Les Pierres précieuses**, par P. Gaubert.
48. **L'Hygiène de l'Habitation**, par le Dr Laumonier.
49. **La Navigation à voiles et à vapeur** par Michel-Jules Verne.
50. **F[illegible] et Pêcheries**, par H. Mercereau.
51. **Les Cures d'Eaux**, par le Dr L. Laumonier.
52. **Les Bains de Mer**, par le Dr L. Laumonier.
53. **Un Fléau social, l'Alcoolisme**, par le Dr Legrain.
54. **La Planète Mars**, par C. Flammarion.
55. **Maladies et Moyens de Défense**, par le Dr A. Dehmler.
56. **Le Sel**, par M. Arsandaux.
57. **Les Rayons X**, par Paul Philippon.
58. **Le Cuir**, par M. Lamay.
59. **Les Continents disparus**, par H. Guédé.
60. **L'Alimentation des Plantes**, leur nourriture, par E. Roux.
61. **La Photographie positive sur verre et les projections lumineuses**, par G. Philippon.
62. **Les Poisons minéraux**, par E. Tassilly.
63. **La Mécanique du Cœur**, par Ch. Contejean.
64. **La Race bovine**, par M. Brocchi.
65. **Le Fond de la mer**, par J. Girard.
66. **La Culture Maraîchère**, par E.-A. Spoll.
67. **La Mosaïque**, par E. Laurencin.
68. **Les Habitants des Mers anciennes**, par , Guède
69. **La Peste** par le Dr Laumonier
70. **La Bière**, par A. Hébert.
71. **Le Sang**, par le Dr Azygos.
72. **Les Poules**, par E.-A. Spoll.
73. **Traitement de la Phtisie pulmonaire**, par le Dr Leray.
74. **Les Volcans**, par Ch. Martin.
75. **La Vigne**, *Sa culture, Ses maladies*, par E.-A. Spoll.
76. **Les Remèdes nouveaux** par L. Duclos.
77. **La Galvanoplastie**, par H. Mercereau.
78. **La Fabrication des Poteries**, par Ch. Quillard.
79. **Le Photographe amateur en voyage**, par G. Philippon.
80. **Les Abeilles**, par Ch. Martin.
81. **Les Poisons organiques**, par E. Tassilly.
82. **Le Soufre et l'acide sulfurique**, par H. Arsandaux.
83. **Les Nids**, par Charles Martin.
84. (*En préparation.*)
85. **Le Radium**, par L. Matout.
86. **La Photographie des Couleurs**, par A. de Vaulabelle.
87. **L'Aviation**, par le Ct Renard.
88. **Les aéroplanes**, par le Ct Renard

Angers. — Imp. A. Burdin et Cie, 4, rue Garnier.

www.ingramcontent.com/pod-product-compliance
Ingram Content Group UK Ltd.
Pitfield, Milton Keynes, MK11 3LW, UK
UKHW020411220726
13923UKWH00004B/1885

9 782016 184066